COMPAGNIE

DES

CHALOUPES A VAPEUR

DE LA

CHARENTE

G. GALLAND & P. VÉRON

INGÉNIEURS CIVILS

19, rue Scribe, à Paris

SOCIÉTÉ EN NOM COLLECTIF, CAPITAL 60,000 FR.

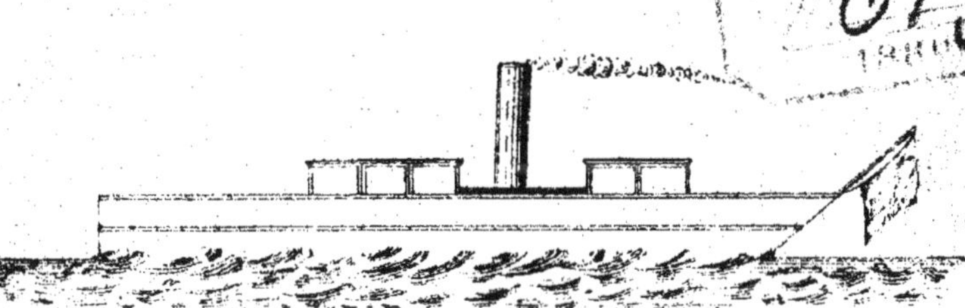

BUREAU CENTRAL DE L'EXPLOITATION

Rue Audry-de-Puyravault, 43 (place Colbert)

ROCHEFORT

A PARTIR DU 1er MARS 1880

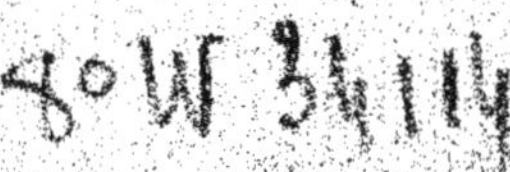

COMPAGNIE

DES

CHALOUPES A VAPEUR

DE LA

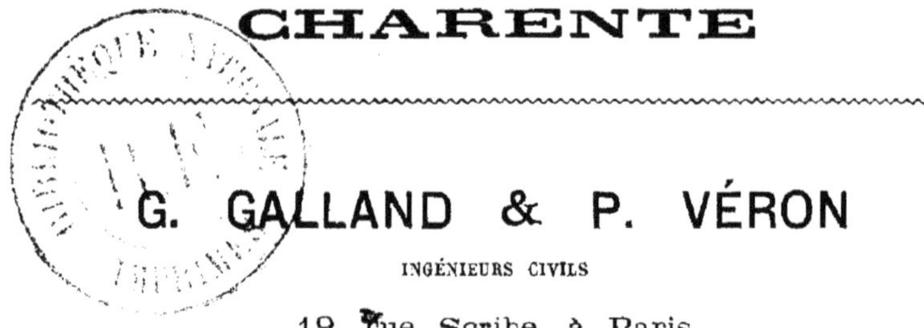

CHARENTE

G. GALLAND & P. VÉRON

INGÉNIEURS CIVILS

19, rue Scribe, à Paris

SOCIÉTÉ EN NOM COLLECTIF, CAPITAL 60,000 FR.

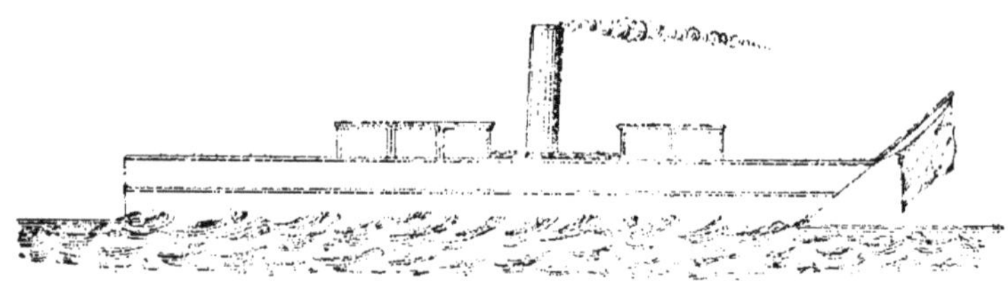

BUREAU CENTRAL DE L'EXPLOITATION

Rue Audry-de-Puyravault, 43 (place Colbert)

ROCHEFORT

A PARTIR DU 1er MARS 1880

Les chaloupes à vapeur sont la monnaie de ces longs et lourds bateaux qui desservaient quelques-unes de nos rivières avant l'établissement des chemins de fer.

D'allures vives, et légères, de manœuvre facile, dépensant peu malgré leur marche rapide, elles conviennent surtout à l'intérieur des villes ou dans leur banlieue immédiate où le mouvement des voyageurs est incessant, et, sous ce rapport, elles sont sans rivales.

Aussi sont-elles très-goûtées du public partout où il s'en est établi.

Ce qu'on demande aujourd'hui, en effet, ce qu'on veut partout, c'est une grande vitesse de marche doublée d'une grande régularité, la fréquence des départs alliée à l'économie et un confortable relatif dans des véhicules d'une capacité suffisante pour transporter en temps normal tout ce qui se présente.

Il faut que les départs et les arrivées soient absolument subordonnés pour le nombre et pour les horaires aux intérêts des voyageurs ; que les marchés soient bien desservis et qu'il soit partout tenu compte des besoins particuliers à chaque localité.

Il faut que les prix de transport soient peu élevés et que les tarifs soient combinés de manière à faciliter la circulation, à la développer, à favoriser surtout ceux qui voyagent beaucoup.

Il faut qu'on soit à peu près sûr d'avoir toujours de la place, même en arrivant à la dernière minute, de n'être pas logé comme un colis et d'avoir un peu la franchise de ses allures, toutes choses qu'on ne peut demander à ces antiques et affreuses voitures qui circulent encore sur certains points.

Il faut enfin de la vitesse, car la vitesse est un des besoins de notre époque affairée, et c'est par elle que nous arrivons à faire dans le même temps un plus grand nombre d'opérations.

Les chaloupes à vapeur, qui ont à peu près la vitesse d'un petit chemin de fer d'intérêt local, réunissent au plus haut point toutes ces qualités.

Elles ont pris naissance en Suède et en Norwége (1) et de là se sont répandues en Angleterre où elles fonctionnent partout aujourd'hui sous le nom de « *Steam launches* » à la grande satisfaction du public voyageur (2).

Enfin, on commence à les trouver en France en

(1) Voir la note **A**.

(2) Voir la note **B**.

assez grand nombre, notamment à Paris, Lyon, Bordeaux, Nantes, où, sous les noms divers de Mouches, de Gondoles, d'Hirondelles, d'Abeilles, etc., elles se sont fait rapidement une belle et riche clientèle, malgré les imperfections et les tâtonnements du début.

Toutes ces entreprises sont prospères, toutes sans exception, et, chose rare, qui prouve combien elles répondent à un véritable besoin, combien l'ensemble de leurs qualités a été vite apprécié, toutes ont prospéré dès leur début.

C'est une étude intéressante à faire que celle de ces utiles embarcations, et nous avons tenu, quant à nous, avant d'arrêter aucun projet de détail, à nous rendre compte *de visu* de leur fonctionnement et des progrès réalisés dans leur construction, tant en France qu'à l'étranger. C'est à la suite de cette étude entreprise et poursuivie sans préjugés d'écoles ou de systèmes, mais uniquement pour nous renseigner sur toutes les améliorations sérieuses et pratiques, que nous avons arrêté le programme de notre première installation, de celle dont nous allons maintenant parler.

Depuis longtemps nous connaissons les Charentes,

leur importance commerciale, les allures voyageuses de la population et son amour du travail (1).

Le nombre des transactions y amène de nombreux déplacements, mais, dans un pays où l'esprit d'économie est une qualité dominante, on s'y plaint en général de la cherté des transports et ce n'est pas sans raison.

Avec les moyens actuels pourrait-on faire mieux ? Non.

Les chemins de fer, dont la construction coûte très-cher, dont les frais d'exploitation sont considérables, sont bien obligés de faire payer au voyageur l'intérêt de leur gros capital, l'entretien de la voie, du matériel, et la solde de ce nombreux personnel absolument nécessaire pour assurer la sécurité.

Les chaloupes à vapeur n'ont pas de voie à construire, pas de voie à entretenir ; elles naviguent avec un personnel restreint, et voilà pourquoi, au point de vue de l'économie, elles l'emportent de beaucoup sur tous les autres moyens de transport, sans en excepter le chemin de fer.

Rochefort, qui est la ville la plus importante des Deux-Charentes, est admirablement placée pour

(1) L'un de nous est resté longtemps attaché comme ingénieur d'une des grandes maisons de construction de Paris aux études des chemins de fer de la Seudre, de Cognac à Surgères et du Blayais.

bénéficier d'une organisation de cette nature et pour l'alimenter.

Assise sur une rivière à grand tirant d'eau, un peu sinueuse à la vérité, mais qui la touche par l'Est et par l'Ouest, elle possède des marchés très-fréquentés, dont l'accès, dans l'état actuel des communications, n'est pas toujours facile, ainsi que nous l'expliquerons plus loin.

C'est un de nos grands ports militaires, et cette circonstance y amène et y maintient une foule de fonctionnaires et d'ouvriers qui augmentent sa richesse et y entretiennent une grande animation.

Au point de vue du commerce maritime, le mouvement n'est pas moins important. Les deux bassins actuels, ainsi que les appontements en rivière, sont aujourd'hui insuffisants, et on va commencer la construction d'un troisième bassin, construction impatiemment attendue par le commerce, qui souffre depuis longtemps déjà de l'insuffisance des aménagements actuels.

La navigation maritime dans la Charente est beaucoup plus importante qu'on ne le croit généralement. Elle comprend surtout à l'entrée les bois du Nord et les charbons, à la sortie les eaux-de-vie et les pierres, et se divise à peu près également entre les deux ports de Rochefort et Tonnay-Charente, si voisins l'un de l'autre qu'ils n'en font pour ainsi dire qu'un.

Le mouvement des deux ports (entrées et sorties,

navires chargés et navires sur lest) atteint annuellement près de 6,000 navires (1) !

La *Charente*, ainsi que nous l'avons dit plus haut, est sinueuse ; sur certains points et à certaines heures de marée, elle présente en outre des courants d'une grande rapidité. En remonte, il y aurait à vaincre une résistance considérable pour nos chaloupes, si le remède ne se trouvait à côté du mal. Ces forts courants créent des remous puissants qui seront suivis par nos embarcations ; elles ont été construites dans ce but avec un faible tirant d'eau.

Organisation commerciale.

Les quelques explications qui précèdent ont fait connaître sommairement notre champ d'action ; nous allons maintenant exposer avec plus de détails l'ensemble de notre exploitation.

Elle comprend deux lignes qui seront organisées d'une manière toute différente, parce qu'elles répondent à des besoins tout différents.

La première, entre

Rochefort et **Tonnay-Charente,**

sera réglée comme un service d'omnibus, avec départs toutes les heures de chaque point.

---

(1) Voir la note **C**.

Ce sera, qu'on nous passe le mot, un pont volant établi entre les deux villes, effectuant le passage *rapidement*, *confortablement*, *économiquement*.

La deuxième ligne, entre

Rochefort et la mer,

sera poussée jusqu'à l'île d'Aix l'été, s'arrêtera à Port-des-Barques et à Fouras l'hiver.

Les départs auront lieu trois fois par jour l'été, deux fois l'hiver, et seront toujours réglés de manière à faciliter l'approvisionnement des marchés de Rochefort et les excursions aux bains de mer.

En outre, la disposition des stations dans le parcours intermédiaire sera telle que la chaloupe, passant alternativement d'une rive à l'autre, fera l'office de bacs pour les piétons entre Soubise et l'embouchure sur cinq points différents; immense bienfait pour les riverains du bas de la rivière, qui sont aujourd'hui sans communications entre eux.

MATÉRIEL

Pour répondre à des besoins aussi divers, sans rien sacrifier des conditions de vitesse et des autres conditions générales que nous avons énumérées plus haut, nous avons dû dresser un programme spécial qui est devenu la base des plans débattus et arrêtés entre notre constructeur et nous.

Nos chaloupes devront être *rapides;* offrir une *grande stabilité* parce que, dans les traversées à l'embouchure, elles recevront la lame par le travers; avoir un *un faible tirant d'eau* pour pouvoir, lorsqu'elles marcheront contre le courant, utiliser les remous et passer, sans danger d'échouage, aussi près que possible de la rive.

Elles devront être *légères* pour s'élever facilement à la lame, *élégantes* d'aspect (ce qui ne gâte rien), *confortables*, assez *vastes* pour transporter à la fois 80 à 100 personnes, et d'un *type unique* dans toutes leurs œuvres vives et dans la construction de la machine, pour faciliter les rechanges et les réparations.

Elles auront en conséquence :

	Mètres	cent.
Longueur........................	15	»
Largeur au maitre couple............	3	50
Tirant d'eau AV.....................	»	70
Tirant d'eau AR.....................	1	10
Vitesse en eaux calmes..............	9	nœuds.

Elles seront au nombre de trois, l'une pour Tonnay-Charente avec roufle fixe, *chauffé l'hiver*, pouvant abriter 24 à 25 personnes.

Les deux autres, avec roufles mobiles à l'avant et à l'arrière, faits pour être enlevés l'été, et tente-abri régnant sur toute la longueur.

L'une de ces dernières sera en relai pour suppléer celles en service en cas de réparations, faire les voyages supplémentaires les dimanches, fêtes et jours de foire et remorquer au besoin.

Exploitation. — Mouvement. — Tarifs.

Les deux lignes régulières, exploitées en navette, auront leur mouvement, leurs arrêts et leur prix réglés de la manière suivante :

Ligne de Tonnay-Charente.

ROCHEFORT. — *Tête de ligne.*

Station située à l'extrémité de la rue des Fonderies (entrée du port de commerce). Départs toutes les heures à *heures fixes*, quelle que soit la direction du courant.

Longueur de la ligne................ 6 kil.

Durée du parcours :

En refoulant...................... 25 minutes.
Avec le courant.................. 16 —

Prix en semaine, trajet total :

Voyage simple.................. 30 cent.
Aller et retour.................. 50 —

Abonnements donnant droit au passage aussi souvent qu'on le désire (1) :

Par trimestre...................... Fr.	30
Par semestre......................	50
Par an..........................	80

1re STATION

Canal de **la Bridoire**....... 3 kil.

Cette station desservira les gros villages de la commune de Saint-Hippolyte situés entre le canal et la route nationale n° 137.

Le bateau y laissera des voyageurs sans en prendre en venant de Rochefort ; il en prendra sans en laisser en venant de Tonnay-Charente.

Les prix et délais de route seront proportionnés à ceux de la ligne entière avec billets d'aller et retour également.

Aux abonnements à long terme seront substitués des *abonnements* à la *semaine* pour les ouvriers, donnant droit au passage une fois le matin et une fois le soir. Prix : 1 franc.

---

(1) Le nombre de ces abonnements sera limité.

2me STATION

Tonnay-Charente

Desservant Tonnay-Charente et correspondant avec Saint-Clément et Lussant.

Le ponton d'embarquement sera placé au centre de la Ville.

Ligne du bas de la rivière.

Rochefort. — Même point de départ.

Stations et distances :

		K.	m.
1° Martrou. — Echillais		3	7
2° Soubise. — Moëze	1re traversée	4	1
3° Le Port-Neuf. — Faubourg de la Rochelle.		2	5
4° Le Vergeroux		1	6
5° Charras	2e traversée	1	6
6° Lupin. — Saint-Nazaire		2	7
7° Basse-Roche. — Haute-Roche	3e traversée	»	5
8° Port des Barques-St-Froult	4e traversée	2	8
9° Fouras	5e traversée	3	5
10° Ile d'Aix		6	4
		29	4

Prix de transport.

Les prix seront calculés sur le parcours des routes les plus directes, sans tenir compte des sinuosités de la rivière.

Sur cette base, ils subiront en outre une réduction d'environ 40 pour 100 sur le prix des voitures publiques et 20 pour 100 sur ceux du chemin de fer.

Enfin, dans la saison des bains, des billets de famille à prix réduits et des billets délivrés par séries de dix dans les mêmes conditions, viendront encore accroître ces facilités.

Durée du voyage.

De l'*embouchure* à *l'Ile d'Aix* et vice versâ :

En refoulant...............	32 minutes.
Avec le courant............	20 —

De l'*embouchure* à *Rochefort* et vice versâ, y compris les arrêts :

En refoulant, environ.......	1 h. 30 m.
Avec le courant............	1 05

Expliquons maintenant l'état actuel de la circulation, ses inconvénients, ses dangers et ses lenteurs, et nous mettrons en regard les avantages de toute sorte qui vont résulter pour les riverains de l'établissement du nouveau service.

Ile d'Aix.

Il existe dans le nord-ouest de l'île une plage de sable fin, encadrée dans des rochers comme celle de Pontaillac. Très-peu connue parce que l'île est aujourd'hui à peu près inabordable (1), elle sera certainement fréquentée de préférence à Châtelaillon quand un service rapide et régulier desservira l'île,

(1) Voir la note **D**.

quand on pourra venir de Rochefort le matin, prendre son bain et s'en retourner à ses affaires dans l'après midi.

Nous savons du reste que déjà, en prévision de l'établissement prochain de notre service, on prépare des logements dans l'île pour y recevoir les baigneurs cet été.

Rive droite de la Charente.

Fouras est un port de pêche important, et une ville de bains agréablement située sur une petite éminence à l'embouchure de la Charente.

Elle possède deux ports, l'un au nord dans l'anse de Fouras, l'autre au sud du côté de la Charente; un marché à la criée où il se fait annuellement 450,000 francs d'affaires, et de nombreuses et charmantes villas. Le chemin de fer qui la dessert aujourd'hui indirectement par Saint-Laurent, va être prolongé en outre jusqu'à la pointe de la Fumée avec station à Fouras.

Malgré ces avantages, la ville de Fouras est peut-être arrivée à son apogée, comme station de pêche, parce que ni l'un ni l'autre de ces deux ports ne sont accessibles à basse mer, qu'il faut perdre cinq heures, quelquefois six pour l'accostage, quand on arrive au descendant après la mi-marée, et que le poisson est une marchandise dont l'expédition ne doit jamais souffrir de retard, surtout l'été.

C'est cette considération, jointe aux raisons stratégiques, qui a fait pousser le tracé de chemin de fer jusqu'à la pointe de la Fumée, mais, pour des raisons qu'il serait trop long d'exposer ici, cette solution offre bien des inconvénients au point du vue commercial, et il n'y a de remède que dans la construction d'une jetée à claire-voie du côte de la Charente, où le taret n'attaque pas les bois; jetée qui devrait être prolongée assez loin pour être toujours accostable, et sous laquelle la mer devrait passer librement pour ne pas nuire au régime des eaux (1).

Quoiqu'il en soit, et dans l'état actuel, nos bateaux ne pourront accoster Fouras, à certains jours, qu'une fois ou deux sur trois, ce qui nous fera perdre à nous une partie de son trafic, et fera perdre à la ville elle-même une partie des bienfaits de notre organisation.

C'est le seul point qui sera desservi par nous d'une manière un peu incomplète, mais nous en trouverons ailleurs la compensation, ainsi qu'on le verra plus loin.

Le *Basse-Roche*, la *Haute-Roche*, *Charras*, le *Vergeroux* et le *Port-Neuf* trouveront dans l'établissement de notre service des facilités nouvelles, soit pour se rendre à Rochefort, soit pour leurs communications avec la rive gauche, dont elles sont aujourd'hui absolument séparées.

---

(1) Voir la note E.

A partir de Soubise, les communications entre les deux rives sont aujourd'hui impossibles, et toutes visites, toutes relations d'affaires ou de famille obligent à des détours énormes, ce qui est pour les habitants une gêne constante, et leur cause chaque jour les plus graves embarras.

Rive gauche de la Charente.

C'est surtout pour la rive gauche que notre service sera un véritable bienfait, c'est surtout de là qu'il tirera ses principaux produits.

De ce côté, il n'y a aucun chemin de fer projeté, la ligne Rochefort-Marennes devant franchir la Charente vers la Bergerie, c'est-à-dire à dix kilomètres environ en amont de Rochefort. On pourrait ajouter qu'il n'y en a pas de possible, car les frais à faire pour franchir la Charente en aval de Rochefort, soit par un pont tournant, soit par un tunnel, seraient hors de proportion avec le but à atteindre.

Pour nous, l'avenir est donc garanti de ce côté, et tout le trafic de la rive gauche nous est absolument assuré; on va voir pourquoi et comment.

Dans l'état présent des choses, toutes les communications d'une rive à l'autre ont lieu par les deux bacs de Martrou et de Soubise, passages coûteux, lents et dangereux (1) tout à la fois.

(1) Voir la note F.

Les jours de marché à Rochefort, c'est-à-dire les mardis, jeudis et samedis, et les dimanches et autres jours de fête, les bacs sont encombrés parce qu'il n'y a que ces deux passages pour toutes les provenances de la presqu'île située entre la Seudre, la Charente et la mer, et pour la majeure partie de l'île d'Oléron. Produits de la pêche et produits du sol, piétons, bestiaux, diligences, charrettes, tout vient aboutir là. Il en résulte des encombrements qu'il faut avoir vus pour s'en faire une juste idée et comme conséquence des retards souvent considérables auxquels personne ne peut se soustraire.

Pour venir du Port-des-Barques au marché de Rochefort (distance 10 kilomètres), les voitures publiques mettent généralement près de deux heures, quelquefois deux heures et demie, lorsque les arrêts à l'octroi, où la même affluence se reproduit, viennent s'ajouter aux retards occasionnés par le passage du bac. C'est une vitesse de 4 à 5 kilomètres à l'heure, c'est-à-dire la vitesse de marche d'un piéton.

Sur la rive gauche, nous ferons escale à Martrou, Soubise, Lupin et *Port-des-Barques*. Ce petit port qui fournit déjà à Rochefort en grandes quantités des moules, des huîtres, du poisson, est appelé à grandir considérablement, parce qu'il est *le seul dans toute la zône des Pertuis, sans même en excepter le port de la Rochelle, dont la jetée soit abordable par les plus basses mers.*

Toujours accessible du côté de la mer, il lui manquait un débouché vers l'intérieur, et ce débouché, nos bateaux partant trois fois par jour vont le lui donner de la manière la plus complète. Aussi est-il déjà question d'y établir un marché à la criée, et ce marché ne peut manquer de prospérer, puisque le poisson débarqué sur ce point sera souvent rendu dans les gares de Rochefort, quand les ports voisins seront encore fermés par le manque d'eau.

Voilà sommairement, très-sommairement exposés, les faits et les idées qui ont présidé à l'organisation de nos services.

Ce ne sont plus des projets, car le matériel est en construction chez M. P. Oriolle à Nantes, et assez avancé pour que nous puissions, dès à présent, annoncer *l'ouverture de l'exploitation* pour les *premiers jours d'avril.*

Nous n'avons pas à dire ici quelles sont nos espérances, mais notre confiance dans l'affaire est si entière que nous en gardons pour nous toutes les chances.

Nous n'avons donc pas émis d'actions.

Nous n'avons pas davantage cherché d'abri derrière l'anonymat.

Nous faisons l'affaire avec notre capital pour la plus grande partie, et pour le surplus, nous avons émis 60 obligations de 500 francs, dont la moitié est déjà souscrite.

Ces oligations remboursables en dix ans par voie

de tirage au sort, produisent 30 francs d'intérêt annuel, payables par semestre les 1er avril et 1er octobre.

Elles sont garanties : 1° par un *matériel* d'une *valeur double*, *complétement neuf*, *utilisable partout* ; et 2° par les produits de l'entreprise, produits que nous n'avons pas à indiquer ici, on comprend pourquoi. C'est l'équivalent d'un placement hypothécaire, doublé d'une deuxième garantie, celle des produits certains de l'exploitation.

Le bureau central de l'exploitation sera ouvert le 1er mars prochain,

Rue Audry-de-Puyravault, n° 43 (place Colbert),

à ROCHEFORT

Ger GALLAND et P. VÉRON,

19, rue Scribe

Paris, 31 *décembre* 1879.

NOTES

Note A

A Stockolm, il y a plus de vingt lignes de chaloupes à vapeur. Toutes ces embarcations circulent constamment entre les différentes îles sur lesquelles la ville est bâtie, la terre-ferme, l'entrée de la Baltique et le lac Mälar. Le prix du passage est de quelques centimes.

Note B

C'est dans la rade de Plymouth que les premières chaloupes à vapeur ont commencé à circuler en Angleterre.

Depuis, le nombre s'en est tellement accru qu'il s'est fondé à Londres et sur plusieurs autres points une douzaine de grands chantiers qui se consacrent exclusivement à la construction de ces utiles embarcations.

Note C

Voici le mouvement de la navigation maritime dans la Charente pour 1875. Nous n'avons pas sous les yeux celui des années suivantes, mais nous savons qu'il a plutôt augmenté que diminué.

ENTRÉES	ROCHEFORT	TONNAY-CHARENTE	Total.
NAVIRES CHARGÉS			
Grande navigation...	123	89	212
Cabotage.	951	585	1.536
Navires sur lest......	452	505	957
SORTIES			
NAVIRES CHARGÉS			
Grande navigation...	15	126	141
Cabotage............	873	849	1.722
Navires sur lest......	912	198	1.110
	3.326	2.352	5.678

Note D

Journal exact d'une excursion à l'île d'Aix

le 31 octobre 1879.

Départ de Rochefort (chemin de fer). Matin	8 h.	8
Arrivée à Saint-Laurent..............................	8	23
Départ de Saint-Laurent (correspondance)	8	30
Arrivée à Fouras	9	5
Départ de Fouras pour la pointe de l'Aiguillon par le courrier...	9	30
Arrivée à la pointe	9	50

Voyage à pied à travers les rochers pour rejoindre le canot de la chaloupe.

Nous embarquons dans le canot.................... 10 h. 30

Le canot, avec ses cinq ou six passagers, touche et ne peut pas démarrer.

Le canot flotte enfin. Arrivée à la chaloupe......... 11 »

La chaloupe touche elle-même par l'arrière, il faut attendre encore.

Elle flotte enfin. Départ........................ 11 15

Arrivée à l'île .... Soir 12 30

Débarquement dans un deuxième canot et arrivée à l'hôtel....................................... 1 »

Promenade rapide pendant qu'on apprête le déjeuner. — Déjeuner................................ 1 30

Départ par un canot spécial (la mer était heureusement très-belle) 2 15

Arrivée à Fouras 4 30

L'omnibus pour le train 109 est parti, et il n'y en a pas pour le train suivant. Il faut une voiture spéciale.

Départ de Fouras (voiture spéciale)............... 6 »

Arrivée à Saint-Laurent.......................... 6 30

Départ de Saint-Laurent (chemin de fer)........... 6 59

Arrivée à Rochefort.............................. 7 h. 15

Ce voyage de 40 kilom., aller et retour, a donc duré 11 heures il a nécessité huit transbordements et a coûté (non compris le déjeuner, bien entendu) 10 fr. 50 ! tout juste pour mettre le pied dans l'île et en repartir sans avoir rien fait que constater les défectuosités d'un aussi triste moyen de transport.

Note E

Il paraît que devant Fouras la hauteur des vases est très-grande, et que la construction d'une jetée sur ce point serait assez coûteuse. Aucune étude n'a d'ailleurs été faite que nous sachions, et c'est évidemment par là qu'il faudrait commencer. On aurait à examiner ensuite la question des voies et moyens, et le plus simple, suivant nous, serait l'établissement d'un péage pour une durée et dans des conditions à déterminer suivant l'importance du capital à dépenser.

Note F

Malgré le dévouement et l'habileté pratique des agents des ponts et chaussées chargés des deux passages de Martrou et de Soubise, il peut survenir des accidents.

Dernièrement, le bac de Soubise a été entraîné et a dérivé presque jusqu'à Martrou ; tous les passagers qui étaient à bord se montraient fort inquiets. Enfin on a pu aborder dans une prairie, et tout le monde en a été quitte pour la peur.

Ces sortes d'accidents sont heureusement fort rares, mais ils impressionnent le public, qui subit les bacs parce qu'il ne peut faire autrement et préférerait certainement un autre mode de transport.

3283 Paris. — Typ. et lithog. Ve RENOU, MAULDE et COCK, rue de Rivoli, 144.

www.ingramcontent.com/pod-product-compliance
Ingram Content Group UK Ltd.
Pitfield, Milton Keynes, MK11 3LW, UK
UKHW022209190726
13855UKWH00004B/1684